BEI GRIN MACHT SICH IHR WISSEN BEZAHLT

Anne Kaufmann

Vorunterrlichtliche Vorstellungen und deren Erhebung

GRIN Verlag

Bibliografische Information der Deutschen Nationalbibliothek:

Die Deutsche Bibliothek verzeichnet diese Publikation in der Deutschen National-
bibliografie; detaillierte bibliografische Daten sind im Internet über http://dnb.d-
nb.de/ abrufbar.

Impressum:

Copyright © 2002 GRIN Verlag GmbH
Druck und Bindung: Books on Demand GmbH, Norderstedt Germany
ISBN: 978-3-640-30667-1

Dieses Buch bei GRIN:

http://www.grin.com/de/e-book/125188/vorunterrlichtliche-vorstellungen-und-
deren-erhebung

Johann Wolfgang Goethe- Universität Frankfurt am Main

Institut für Didaktik der Biologie

Biologiedidaktik für den Sachunterricht

Thema: Vorunterrichtliche Vorstellungen und deren Erhebung

Von:

Anne Kaufmann L1/ Sachunterricht (Biologie/ Erdkunde), Deutsch

3. Semester

Datum 13.11.02

Inhaltsverzeichnis:

I. Sachanalyse 3

   1.1   Was sind vorunterrichtliche Vorstellungen? 3

   1.2   Woher stammen die vorunterrichtlichen Vorstellungen? 4

   1.3   Was versteht man unter Lernen? 4

   1.4 Welchen Zusammenhang gibt es zwischen Vorstellungen und dem Lernen? .. 7

   1.5 Wie kann man vorunterrichtliche Vorstellungen erheben? 9

II. Literaturverzeichnis 11

Anhang 13

   Fragebogen Insekten 13

   Versuch zur Zusammenarbeit von Kurz- und Langzeitgedächtnis 14

   Versuch zur kapazität des Kurzzeitgedächtnis 15

I. Sachanalyse

1.1 Was sind vorunterrichtliche Vorstellungen?

Unter vorunterrichtlichen Vorstellungen versteht man das Wissen der Kinder, das bereits vor dem ersten Kontakt mit Schule und Lernen besteht. Diese Vorstellungen sind durch Alltagserfahrungen gefestigt und stimmen meist nicht mit den naturwissenschaftlichen Erklärungen überein. Das bedeutet, dass sich bei den Schülern bereits festgefahrene Denkstrukturen gebildet haben, welchen hartnäckig vertreten werden.

Die Sichtweisen, die sich in einem Langwierigen Anpassungsprozess an Lebenssituationen stabilisiert haben und bei der Anwendung auf den Alltag meistens als richtig erwiesen haben [1]. Diese Vorstellungen entstehen durch ein zufällig aufsteigendes Interesse des Kindes an einem gewissen, meist neuen Zusammenhang.

Die Vorstellungen der Kinder meist lokal begrenzt und beruhen auf simplen Schlussfolgerungen aus bereits bekanntem Wissen, z.B. dass ein Stein herunter fällt, weil er schwer ist. Die Erdanziehungskraft wird dabei, wie auch andere Faktoren, nicht berücksichtigt [2].

Allerdings sind nicht alle Vorstellungen gleich. Verankerte und sogenannte Ad- hoc- Vorstellungen gilt es hierbei zu unterscheiden. Ad- hoc- Vorstellungen entstehen, wenn Schüler mit etwas konfrontiert werden, zu dem sie sich noch keinerlei Wissen angeeignet haben. Die allgemeinen Vorstellungen hingegen haben sich tief verankert und einen Verbrauchscharakter angenommen. Dies bedeutet, dass sie sich in Alltagssituationen bereits bewiesen haben und somit schwieriger zu ändern sind.

Da die vorunterrichtlichen Vorstellungen eine Auslegung von neuen Aspekten überhaupt erst ermöglichen, geschieht es häufig dass Schüler das zu Lernende falsch verstehen und so Lernschwierigkeiten entstehen können. Daher ist es wichtig zu wissen, woher die Vorstellungen stammen.

---

[1] vgl. Häußler, P. 1998, S.175.
[2] vgl. Max, C. 1997, S.68.

3

1.2 Woher stammen die vorunterrichtlichen Vorstellungen?

Vorunterrichtliche Vorstellungen stammen aus den verschiedensten Bereichen des Alltags. Darunter fallen Alltagserfahrungen, der Umgang mit Ereignissen wie Bewegung u.v.a., durch Gespräche im Alltag, das Lesen von Büchern und Massenmedien, aber auch durch vorangegangenen Unterricht [3]. Besonders die Vorstellungen, die sich des Öfteren als relevant erwiesen haben, haben sich tief in das Gedächtnis der Schüler eingeprägt.

Schon ab der Geburt fangen Kinder an kognitive Modelle zu bilden, mit denen sie den Alltag und dessen Umgang bewältigen. Aber auch Wissen und Vorstellungen bilden sich in diesem Stadium.

Das Bilden der Vorstellungen geschieht durch plötzlich aufkommendes Interesse und das daraus folgende Beobachten des Geschehens. Kinder geben sich damit jedoch nicht zufrieden und nehmen eine forschende Haltung ein, wenn sie aufkommende Fragen beantworten wollen. Um Antworten zu finden, vergleichen sie das Neue mit bereits bekannten Situationen und versuchen so auf eine Lösung zu kommen.

Die Vorstellungen die dabei verinnerlicht werden, hängen jedoch stark von Emotionen und einer subjektiven Betrachtungsweise ab. Aber auch das kulturelle und soziale Umfeld darf nicht außer acht gelassen werden, da die Vorstellungen sonst nicht mir den Vorstellungen anderer Menschen überein gebracht werden könnten.

Neue Vorstellungen werden erst gebildet, wenn sich Unvollkommenheit in den Denkstrukturen herauskristallisieren, Es folgt das Einfügen der neuen Information in das vorhandene Raster und es kommt somit zu einem ständigen Aufbau von Wissen.

1.3 Was versteht man unter Lernen?

Um dieses Wissen auch speichern zu können, ist es wichtig das Lernen näher zu betrachten. Jeder Mensch muss sich täglich mit Lern- und Gedächtnisvorgängen auseinandersetzen, dazu hat er verschiedene Arten von Informationsspeicherung. Hierbei unterscheidet man das Kurzzeitgedächtnis und das Langzeitgedächtnis. Einfallende Informationen gehen zuerst in das Kurzzeitgedächtnis, in dem sie einige

---

[3] vgl. Häußler, P. 1998, S. 176.

Sekunden bis wenige Minuten gespeichert werden. Dabei ist die Kapazität jedoch nicht unbegrenzt, da die Informationen nur solange bestehen, wie man sich ihrer bewußt ist.[4] Man kann sich höchstens sieben Informationseinheiten merken. Bei einer größeren Anzahl von Informationseinheiten kann man sich deshalb nicht alle Begriffe merken, da das Kurzzeitgedächtnis die letzten Einheiten noch verarbeitet und die ersten Einheiten schon in das Langzeitgedächtnis aufgenommen wurden. Daher kann man sich diese Einheiten auch besser merken.

Dies liegt daran, dass das Kurzzeitgedächtnis nicht nur zur Speicherung, sondern zur Weiterverarbeitung der Informationen dient, daher wurde es von Baddeley (1992) durch den Begriff des Arbeitsgedächtnisses geprägt.

Sollen nun Informationen längerfristig gespeichert werden, ist es wichtig, diese in das Langzeitgedächtnis zu übertragen. Wie erfolgreich diese Übertragung ist, hängt von den jeweiligen Merkstrategien und dem Interesse ab. Man kann zwei verschiedene Wissensarten des Langzeitgedächtnisses unterscheiden; das prozedurale und das deklarative Wissen.

Unter dem prozeduralen Wissen versteht man das knowing – how einer Sache. Hierunter fallen die „... motorische[n] und interlektuelle[n] Fähigkeiten und Fertigkeiten ...“[5] Das prozedurale Wissen ist dem Menschen unbewußt und ist nur langsam zu erwerben. Dies garantiert jedoch die feste Speicherung im Langzeitgedächtnis.

Das deklarative Wissen ist leichter zu erlernen als das prozedurale, wird jedoch genauso schnell auch wieder vergessen. Hierbei handelt es sich um das knowing – what. Es beschreibt das Wissen, das man sich individuell im Laufe seines Lebens aneignet. Darunter fallen z.B. Meinungen, Bilder, Erfahrungen. Die beiden Wissensarten ergänzen sich jedoch in ihrer Funktion.

Wenn auf gespeicherte Informationen im Langzeitgedächtnis zurück gegriffen wird, läuft die Frage über das gespeicherte Wissensnetz ab und sucht die Information bzw. die Antwort. Je öfter Begriffe miteinander verwendet werden, desto stärker ist auch ihre Verbindung im Wissensnetz und je stärker die Verbindungen sind, desto leichter kann man sich erinnern. Vergessen kann demnach auf verschiedene Arten geschehen. Entweder wurde der Begriff völlig gelöscht oder die Verbindungspfade sind nicht mehr zugänglich und so kann auf den gesuchten Begriff nicht zurückgegriffen werden. Um die Speicherung der unterrichtlichen Informationen im

---

[4] vgl. Schletter, J.C., 1998, S. 31.
[5] Schletter, J.C., 1998, S 31.

5

Langzeitgedächtnis zu gewährleisten, muss man sich den Begriff des Lernens auf der pädagogischen und psychologischen Ebene verdeutlichen.

Für den Schüler und seinen Lernprozeß im Unterricht ist das Bild des „Nürnberger Trichters" in der heutigen Zeit irrelevant. Man möchte den Schülern nicht mehr nur passives, lexikalisches Wissen vermitteln, sondern dass diese ihren Lernprozess selbst gestalten und überwachen. Dieser Lernprozess muss auf dem bereits vorhandenen Wissen der Schüler aufbauen. Das vorhandene Wissen kann man sich als Netz vorstellen, bei dem sich das wissen untereinander verknüpft hat. Dieses Netz wird nun durch Lernvorgänge verändert, da neue Verknüpfungen gebildet und alte eventuell verworfen werden müssen. Dadurch kann es zu einer kompletten Umgestaltung des Netzes kommen.

Infolgedessen hat Wissen mit Umstrukturierungsprozessen zu tun. Diese Prozesse werden hervorgerufen, wenn die Bedeutung der neuen Information auf Interesse beim Lernenden stößt. Oftmals kann die Information auch nur zur besseren Strukutrierung des bereits Vorhandenen dienen und so eine Vertiefung oder Veränderung des Bestehenden bewirken. Dabei ist es wichtig, dass sich Kinder ihre eigenen Konzepte bilden. Bei der Bildung einen solchen Konzepts kann man drei verschiedene Wissensarten unterschieden. Das punktuelle Wissen existiert in großer Zahl und wird sofort gespeichert. Es stützt sich auf das Entdecken einer Information eines Objekts und wird durch analytisches Vorgehen erworben. Die zweite Wissensart nennt sich Notion und ist für die Definition der Struktur zuständig, welche für das Objekt typisch ist. Die letzte Art wird als konzeptuales Wissen bezeichnet. Es ist zeitaufwendig und nur in kleiner Anzahl vorhanden. Konzeptuales Wissen basiert auf der Erstellung einer abstrakten, allgemeinen Definition, die durch den Vergleich mit anderen ähnlichen Fällen entsteht.[6] Mit der Zeit verbinden sich die Konzepte untereinander und bilden zusammenhängende Gebilde, die die Entstehung von Wissen bedingen.

Auch Jean Piaget ist der Überzeugung, dass sich Lernende ihr Wissen durch eigenes Handeln selbst aufbauen müssen.

Die Grundidee Piagets zur kognitiven Entwicklung ist von der Ähnlichkeit und Anpassung der Schüler an die Umwelt geprägt. Diese Anpassung gerät jedoch immer wieder ein Ungleichgewicht, bedingt durch verschiedene Faktoren wie die körperliche Entwicklung, individuelle Erfahrungen im psychischen Umfeld und soziale

---

[6] vgl. Max, C. 1997 S. 66.

Erfahrungen im kulturellen Umfeld.[7] Der Prozess der Äquilibration versucht dieses Ungleichgewicht herzustellen, das durch das Wechselspiel von Assimilation und Akkomodation geschehen soll. Hierbei müssen die kognitiven Strukturen auf ein höheres Niveau gebracht werden, da nur sie das Gleichgewicht wieder herstellen können.

Unter dem Begriff der Assimilation versteht man das Anpassen der neuen Ereignisse auf die bereits vorhandenen Strukturen. Gelingt dies nicht mehr, passt man seine Struktur an die Außenwelt an; es kommt zur Akkomodation. Da das Wissen nun selbst konstruiert werden soll, spielt die Situation des Lernprozesses eine wichtige Rolle. Die Integration zwischen Menschen, historischen und kulturellen Kontexten, in die das Handeln und Denken eingebettet ist, darf nicht vernachlässigt werden.[8] Daher ist es wichtig bei den Lernvorgängen im Unterricht eine Authentizität zu schaffen,

1.4 Welchen Zusammenhang gibt es zwischen Vorstellungen und dem Lernen?

Die Weiterentwicklung der Vorstellungen kann nur über eine langfristige Veränderung der vorhandenen Denkweisen geschehen. Diese Veränderung lässt sich in einem vierstufigen Modell beschreiben. Zuerst findet ein „Prozess des Theoriewandels"[9] statt, der eine Veränderung der Systeme mit sich zeiht. Der Schüler übernimmt nur Bruchstücke er Lehrererklärung, da kindliche Vorstellungen nicht durch Aneinanderreihung von Wissen verändert werden können. Man kann also nur auf eine Veränderung hoffen, wenn man diesem langwierigen Prozess die nötige Zeit einräumt. Zuletzt mussen die Kinder in der Lage sein die neuen, wissenschaftlichen Vorstellungen umzusetzen und anzuwenden.

Um dies gewährleisten zu können, ist es von Bedeutung den Zusammenhang zwischen den vorunterrichtlichen Vorstellungen und dem Prozess des Lernens näher zu betrachten.

Der Ursprung der kindlichen Vorstellungen basiert auf den Denkweisen des jeweiligen Umfeldes und aufgrund der Gültigkeit in Alltagssituationen sind sie für

---

[7] vgl. Häußler, P. 1998 S. 184.
[8] vgl. Häußler, p. 1998 S. 195f.
[9] Max, C. 1997 S. 68.

Kinder eine Orientierungshilfe um mit der Realität umzugehen. Daher halten sie an ihnen fest und bleiben trotz des Unterrichts bestehen.

Aus diesem Grund ist es umso wichtiger, den Kindern nicht das Gefühl zu geben, dass ihre eigenen Vorstellungen falsch sind und aufgegeben werden müssen. Denn dies zieht womöglich den absoluten Widerstand des Schülers mit sich, da er diese Konfrontation als Angriff aus seiner Persönlichkeit verstehen könnte.

Stattdessen sollte der Schüler sein Lernen selbst steuern können. Um hierbei die Selbsterkenntnis als Lehrer zu erfahren. Um diese Fähigkeiten zu erwerben, muss der Schüler die Gelegenheit bekommen sein eigenes tun zu reflektieren.

Um dies zu erreichen, müssen die Schüler davon überzeugt werden, dass die neuen Kenntnisse genauso sinnvoll wie die vorherigen sind.

Eine komplette Änderung der Vorstellungen gelingt jedoch nicht. Vielmehr muss man den Weg dorthin im Auge behalten und sich mit Zwischenschritten zufrieden geben. „Es hat sich gezeigt, dass Unterricht, der die Vorstellungen ganz bewußt berücksichtigt erfolgreicher ist."[10] Denn bei solch einem Unterricht wird der Schüler zur Auseinandersetzung seiner vorunterrichtlichen mit den wissenschaftlichen Vorstellungen geführt. Da der Prozess des Lernens jedoch situationsabhängig ist, erfahren Schüler, zusätzlich zu dem Erwerb von Wissen, die Bedingungen des Anwendungskontextes und dessen Zielsetzung.

Kindern fällt es schwer ihr Wissen auf andere Bereich zu übertragen. Um diesen eigentlich letzten Schritt im Lernen vollziehen zu können, müssen sie ihre Erkenntnisse aus dem eigentlich gespeicherten Kontext herauslösen. Erst dann ist ein Transfer auf andere Bereiche möglich, da nach und nach nur noch die Gemeinsamkeiten auftreten und Unwichtiges wegfällt.

Um diesen Kontext immer wieder benutzen zu können, ist es von großer Bedeutung, dass die Schüler das Gefühl haben die Situation schon zu kennen, obwohl diese auch Neues in sich birgt. Dieser Transfer ist nur dann zu leisten, wenn andere Faktoren wie Intelligenz, der Stand der kognitiven Entwicklung und die Lernhaltung in dem dafür benötigtem Maße ausgebildet sind.

Viele Ansätze für den Unterricht sind daran gescheitert, dass die Unterrichtskonzeption die Lernwege von den vorunterrichtlichen Vorstellungen zu den wissenschaftlichen Begriffen nicht berücksichtigten. Um Unterricht führen zu können, der dies gewährleistet, muss man eigentlich nur auf wesentliche Merkmale

---

[10] Häußler, P. 1998 S. 182.

achten. Man sollte die Vorstellungen der Kinder ernst nehmen und sie berücksichtigen. Weiterhin sollte man eine aktive Auseinandersetzung mit dem Problem anregen und abschließend die Schüler ihr eigenes Wissen reflektieren lassen, um damit den Lernprozess anzuregen.

Dies verdeutlicht, dass Lernen ohne die vorunterrichtlichen Vorstellungen nicht möglich ist bzw. auf einer weniger erfolgreichen Stufe stehen bleibt, denn lexikalisches Wissen kann zwar abgerufen aber nicht angewendet werden.

1.5 Wie kann man vorunterrichtliche Vorstellungen erheben?

Bisher existieren zwei Ansätze um die vorunterrichtlichen Vorstellungen zu verändern. Der Ausradierungsversuch, bei dem die Vorstellungen als falsch gewertet werden und die Schüler müssen sie durch wissenschaftlich korrekte ersetzen. Und weiterhin der Versuch der Konfrontation. Hier merken die Schüler, dass ihr vorhandenes Wissen auf Grenzen stößt und wollen neues Wissen erlangen. Beide Ansätze können nur angewendet werden, wenn die Schüler in der Lage sind wissenschaftliche Vorstellungen anzunehmen und diese mit Bekanntem vergleichen. Da der Abstand der Ansätze und der eigenen Vorstellungen meist so groß ist, muss der Schüler seine Denkstrukturen anders gestalten, um die neuen Informationen zu verstehen und dafür bedarf es längerer Zeit. Hieraus wird ersichtlich das Alltagswissen und das Unterrichtswissen parallel zueinander bestehen, jedoch getrennt genutzt werden, Erst wenn sich das Unterrichtswissen gefestigt hat, ist der Schüler vielleicht bereit seine eigenen Vorstellungen aufzugeben.

Es hat sich somit gezeigt, dass vorunterrichtliche Vorstellungen nie ganz geändert werden können. Darüber hinaus kann es zu Verständnisproblemen kommen, wenn sich die Alltagsbegriffe der Schüler mit gleichnamigen aus der Wissenschaft übereinstimmen. Der Unterricht hat dafür zu Sorgen, dass der Schüler versteht, dass in manchen Situationen die naturwissenschaftlichen Vorstellungen fruchtbarer sind als die Alltagsvorstellungen.

Der Lehrer muss nun in seinem Unterricht den Schüler überzeugen, seine Vorstellungen den von Erwachsenen vertretenen Sichtweisen anzunähern. Dies geht aber nur, wenn er gleichzeitig die Schüler in seinen Fähigkeiten bestärkt und für ein nicht als bedrohlich empfundenes Unterrichtsklima sorgt.

Daher muss der Unterricht in der ersten Phase Schülern ihr vorhaben bewußt machen und hinterher die Vorgehensweise weiterentwickeln. Er muss sich als Ziel das selbstständige Lernen setzen.

Werden die Vorstellungen zu Gunsten der Wissenschaft geändert, spricht man von einem Konzeptwechsel, bei dem zwei Möglichkeiten bestehen.

Beim kontinuierlichen Weg versucht man an bereits bestehende Vorstellungen anzuknüpfen und beim diskontinuierlichen Weg ist eine grundlegende Revision der Vorstellungen nötig. Dieser Konzeptwechsel tritt allerdings nur ein, wenn der Schüler mit seinen vorhandenen Vorstellungen unzufrieden ist und die neuen Vorstellungen logisch nachvollziehbar, einleuchtend sind und sich als erfolgreicher erweisen.[11] Diese ist jedoch schwer in die Praxi umzusetzen.

Als Beispiele für die Unterrichtsstrategien, die einen Konzeptwechsel einleiten, ist der »learning – cycle« von Piaget und das fünf – Phasen – Modell von Stebler (u.a.) zu nennen.

Der »learning – cycle« von Piaget unterscheidet 3 Phasen. Die Exploration, die Konzepteinführung und die Konzeptanwendung. Unter der Exploration versteht man ein vertraut machen mit der Sache. Bei der Konzepteinführung wird der kognitive Konflikt thematisiert und der Konzeptanwendung dient der Transfer der neu erworbenen Sichtweisen.[12]

Das fünf – Phasen – Modell wird durch folgende Schwerpunkte charakterisiert. Die erste Phase nenne ich Mobilisierungsphase, hier sollen die Schülervorstellungen und ihr Interpretationsrahmen angeregt werden. In der nächsten Phase, die Artikulationsphase genannt wird, geht es um das Bewußtmachen der Vielfalt und Verschiedenheit der Schülervorstellungen. Die Herausforderungsphase entwickelt die Schülervorstellungen weiter und strukturiert sie um.

Die Gültigkeit der erarbeiteten Vorstellungen soll in der Argumentationsphase näher erläutert werden. In der letzten Phase, der Weiterführungsphase, soll ein Transfer der Vorstellungen stattfinden, ähnlich der Konzeptanwendung bei Piagets »learning – cycle«.

Daher ist es wichtig die vorunterrichtlichen Vorstellungen den Schülern aufzuzeigen, um effektives Lernen zu gewährleisten.

---

[11] vgl. Häußler, P. 1998 S. 192f.
[12] vgl. Häußler, p. 1998 S. 218f.

II. Literaturverzeichnis

- Bayrhuber, H./ Prechtl, H.: Funktion des Gehirns. In: Biologie in der Schule. April 1998, Seite 4- 13.
- Bellmann, H.: Bienen, Wespen, Ameisen. Stuttgart 1955.
- Campell, N. A./ Markl, J. (Hrsg.): Biologie. Berlin u.a. 1997.
- Carter, D. J.: Raupen und Schmetterlinge Europas. Hamburg u.a. 1997.
- Dr. Dierl, W.: Insekten. BLV Bestimmungsbuch. München u.a.1988.
- Dr. Reichholf-Riehm, H.: Steinbachs Naturführer. Schmetterlinge. München 1983.
- Einsiedler, W.: (Hrsg.) u.a.: Handbuch Grundschulpädagogik und Grundschuldidaktik. Bad Heilbrunn 2001.
- Forster, W.: Knaurs Insektenbuch. München u.a. 1968.
- Hagen, E.: Hummeln bestimmen, ansiedeln, vermehren, schützen. Augsburg 1994.
- Häußler, P. et al.: Naturwissenschaftliche Forschung- Perspektiven für die Unterrichtspraxis. Kiel 1998. Seite 169- 219.
- Jacobs, W./ Renner, W.: Lexikon Biologie der Insekten. Stuttgart. 1974.
- Kretschmer, H./Stary, J.: Schulpraktikum. Eine Orientierungshilfe zum Lernen und Lehren. Berlin 1998. Seite 41- 88.
- Lambell, G.: Biologie der Insekten. München 1973
- Larson/ Larson: Insektenstaaten. Hamburg 1974.
- Lindauer, Martin: Verständigung der Bienen. Stuttgart 1975.
- Max, C.: Verstehen heißt Verändern. In: Meier, R. (Hrsg.): Sachunterricht in der Grundschule. Frankfurt am Main. 1997. Seite 62- 89.
- Mound, L.: Sehen, Staunen, Wissen. Insekten. Hildesheim 1990.
- Nolting, H.P./ Paulus, P.: Psychologie lernen. Eine Einführung und Anleitung. Weinheim u.a. 1999.
- Ravensburger (Hrsg.): Alles was ich wissen will. Band 2. Ravensburg 1993.
- Reichholf, J.: BLV Naturführer. Mein Hobby: Schmetterlinge beobachten. Wie- Wann- Wo?. München 1984.
- Rood, R. N.: Was ist Was Band 19. Wunderwelt der Bienen und Ameisen. Hamburg 1987.
- Rood, R. N.: Was ist Was Band 30. Insekten. Nürnberg u.a. 1982.

- Schletter, J.C.: Gedächtnisnetze. In: Biologie in der Schule. April 1998. Seite 31-36.
- Seifert, B.: Ameisen beobachten, bestimmen. Augsburg 1996.
- Steinbach, G. (Hrsg.): Wir tun was ... für Insekten. Stuttgart 1992.
- Steinbach: Insekten. München 1984.
- Stern, H.: Bemerkungen über Bienen. München 1971.
- Tauscher, H.: Unsere Heuschrecken, Lebensweise, Bestimmung der Arten. Stuttgart 1986.
- Vogel, G./ Angermann, H.: DTV. Atlas zur Biologie. Tafeln und Texte. Band 1. München 1967.
- Witt, R.: Wespen beobachten, bestimmen. Augsburg 1998.

Anhang

Fragebogen Insekten

1. Wie viele Arten von Insekten gibt es?

2. Welche Tiere gehören zu den Insekten?

3. Was geschieht mit den Insekten im Winter?

4. Wie viele Flügel haben Insekten?

5. Wie kann man das Geschlecht von Schmetterlingen erkennen?
   - [ ] An ihrer Größe
   - [ ] Verschieden große Sinnesorgane
   - [ ] Durch die Musterung ihrer Flügel

6. Können Schmetterlinge noch fliegen, wenn man ihre Flügel berührt haben?
   - [ ] ja   [ ] nein

7. Unterscheiden sich die Gefährlichkeit der Stiche von Hummel, Hornisse und Wespe

8. Sind Ameisen Insekten?

9. Wie teilen Honigbienen ihren „Mitbewohnerinnen" die Nahrungsquellen mit?

10. Was frißt eine Bienenlarve?

11. Wie viele Bienen leben in einem Volk?
    - [ ] bis zu 5000
    - [ ] bis zu 17000
    - [ ] bis zu 50000

12. Können Hummeln stechen?
    - [ ] ja   [ ] nein

13. Warum können Fliegen an der Decke laufen?
    - [ ] Aufgrund einer klebrigen Absonderng
    - [ ] Durch Krallen an den Füßen

14. Sind Gottesanbeterinnen Insekten?

15. Wie heiß werden Glühwürmchen?

16. Warum glühen Glühwürmchen?

17. Wie hoch kann ein Termitenbau werden?
    - [ ] 0,5 m
    - [ ] 2,75 m
    - [ ] 12,8 m

18. Wie groß kann ein Insekt werden?

19. Können Libellen stechen?
    - [ ] ja   [ ] nein

20. Zerfressen Motten die Kleidung?
    - [ ] ja   [ ] nein

21. Gehören Spinnen zu den Insekten

13

Versuch zur Zusammenarbeit von Kurz- und Langzeitgedächtnis

Anleitungstext für Gruppe 1

Ihnen wird gleich ein Text vorgelesen, in dem es darum geht, wie man am beseten einen Drachen steigen läßt. Bitte versuchen Sie sich möglichst viele Sätze dieses Textes zu merken. Schreiben Sie anschließend alle Sätze, an die sie sich erinnern können, auf einen Zettel.

Anleitungstext für Gruppe 2

Ihnen werden gleich mehrer Sätze vorgelesen. Bitte versuchen Sie sich möglichst viele Sätze dieses Textes zu merken. Schreiben Sie anschließend alle Sätze, an die sie sich erinnern können, auf einen Zettel. Für jeden richtigen Satz erhalten sie eine kleine Belohnung.

VORLESETEXT

- Eine Zeitung ist besser als ein Buch.
- Der Strand ist ein geeigneterer Ort als eine Straße.
- Anfangs ist es besser zu laufen, als zu gehen.
- Manchmal sind mehrere Versuche möglich.
- Etwas Erfahrung gehört schon dazu, aber es ist leicht zu lernen.
- Selbst kleine Kinder haben Spaß daran.
- Wenn man es einmal geschafft hat, gibt es kaum noch Schwierigkeiten.
- Vögel kommen selten zu nah.
- Regen dringt allerdings sehr schnell ein.
- Wenn zu viele Leute dasselbe tun, kann es ebenfalls Probleme geben.
- Man braucht viel Platz.
- Wenn keine Schwierigkeiten auftauchen, ist es sehr friedlich.
- Ein Fels kann als Anker dienen.
- Falls es sich losreißt, hat man keine zweite Chance.

Auswertung

Für jeden sinngemäß richtig wiedergegebenen Satz gitb es eine Punkt. Werden Sätze nur halb oder halb richtig wiedergegeben, kann ein halber Punkt vergeben werden. Für vollständige, aber innhaltlich stark veränderte Sätze gibt es keinen Punkt.

Quelle: Schletter, J.C.: Gedächtnisnetze. In: Biologie in der Schule. April 1998, Seite 33

Versuch zur kapazität des Kurzzeitgedächtnis

ANLEITUNG

Ihnen werden gleich 20 Wörter vorgelesen. Versuchen Sie bitte anschließend so viele Wörter wie möglich aufzuschreiben. Die Reihenfolge ist dabei nicht relevant. Sie haben dafür 3 Minuten Zeit.

- Sonnenblume
- Wissen
- Familie
- Weihnachten
- Mineralwasser
- Abflußrohr
- Bettbezug
- Kugelschreiber
- Gummibärchen
- Taschentücher
- Elefant
- Wäschekorb
- Jackett
- Wald
- Pinnwand
- Schnellkochtopf
- Bushaltestelle
- Taschenlampe
- Skifahren
- Unterhose

AUSWERTUNG:

Die Häufigkeit der erinnerten Wörter müsste die Wörter am Anfang und am Ende betreffen. Die Wörter, die am Anfang standen, sind jetzt schon ins Langzeitgedächtnis übergegangen und die letzten Wörter befinden sich noch im Kurzzeitgedächtnis.